Iheb ESSOUSSI

Dendrometria Florestal: Medição de Árvores Florestais

Iheb ESSOUSSI

Dendrometria Florestal: Medição de Árvores Florestais

ScienciaScripts

Imprint
Any brand names and product names mentioned in this book are subject to trademark, brand or patent protection and are trademarks or registered trademarks of their respective holders. The use of brand names, product names, common names, trade names, product descriptions etc. even without a particular marking in this work is in no way to be construed to mean that such names may be regarded as unrestricted in respect of trademark and brand protection legislation and could thus be used by anyone.

Cover image: www.ingimage.com

Este livro é uma tradução do original publicado sob ISBN 978-620-2-54937-0.

Publisher:
Sciencia Scripts
is a trademark of
International Book Market Service Ltd., member of OmniScriptum Publishing Group
17 Meldrum Street, Beau Bassin 71504, Mauritius
Printed at: see last page
ISBN: 978-620-3-22749-9

2021

Dendrometria Florestal: Medição de Árvores Florestais

Capítulo 1 :

Instrumentos de medição para árvores florestais

Tabela de Conteúdos

Lista de quadros

Lista de números

Instrumentos de medição do tamanho do eixo :

1.1- O Diâmetro:

Na silvicultura, o diâmetro é um parâmetro dendrométrico essencial, em torno do qual as árvores podem ser classificadas de acordo com as classes de diâmetro ou circunferência, para mais tarde fornecer taxas de escala de gestão e tabelas de produção. A medição do diâmetro é calculada a um nível de referência (1,30 m), a este nível chama-se o Diâmetro à Altura do Peito (DPH). Existem várias ferramentas para medir este parâmetro.

1.1.1- A fita da floresta:

A fita florestal é uma das ferramentas mais utilizadas para medir o diâmetro das árvores.

1.1.1.1- Técnica de utilização :

Basta dobrar a fita à volta do tronco para 1,30 metros e ler a leitura coincidindo com o zero.

1.1.1.2- Vantagem:

- Tem dois lados, um para medir o diâmetro, e o outro para dar directamente a circunferência;
- Mais fiável do que outros dispositivos porque o risco de compressão da casca é menor em comparação com a bússola florestal ;
- Depende da forma da árvore ;
- Manipulável por uma pessoa, graças ao gancho no final;
- Fácil de transportar.

1.1.1.3- Precaução na utilização da fita florestal :

- Verificar se os números na fita são legíveis e claros;
- Certifique-se de que a fita é perpendicular ao tronco da árvore.

Figura 1: Fita florestal

1.1.2- Bússola florestal :
1.1.2.1- Tipo de bússola florestal :
1.1.2.1.1- Bússola florestal metálica :

É composto por três partes; braço fixo, braço deslizante e a régua. Permite medir o diâmetro ou circunferência das hastes por centímetro ou por classe de diâmetro.

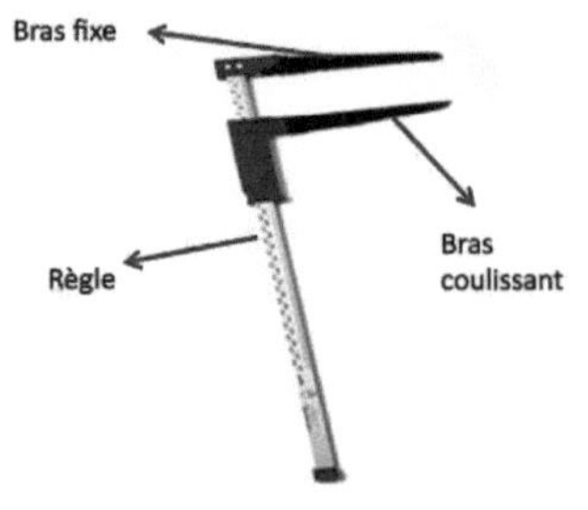

Figura 2: Componente de bússola florestal

Figura 3: Como utilizar a bússola florestal

1.1.2.1.2- Bússola florestal compensada :

A bússola florestal compensada tem na régua uma graduação em classes de diâmetro de 5 em 5 cm ou 10 em 10 cm.

Tabela 1: Classe de diâmetro

Classe de diâmetro (5 a 5 cm)	Centro da classe (cm)		Classe de diâmetro (10 a 10 cm)	Centro da classe (cm)	
	Min	Max		Min	Max
5	2,5	7,5	10	5	15
10	7,5	12,5	20	15	25
15	12,5	17,5	30	25	35
20	17,5	22,5	40	35	45
25	22,5	27,5	50	45	55
30	27,5	32,5	60	55	65

1.1.2.1.3- Bússola florestal electrónica :

Figura 4: Bússola florestal electrónica

1.1.2.2- Informação adicional sobre a bússola florestal :

1.1.2.2.1- Limite da bússola florestal :

- A graduação máxima da bússola florestal é de 150 cm ;
- A bússola florestal tem um viés de cálculo, no caso de o tronco da árvore ser bastante circular Para ultrapassar este problema, o diâmetro máximo e mínimo deve ser medido a 1,30 metros.

As medições são perpendiculares uma à outra, e depois os dois valores são aritmeticamente medidos em média.

- O diâmetro médio: **Dm = (D1 + D2) /2.**

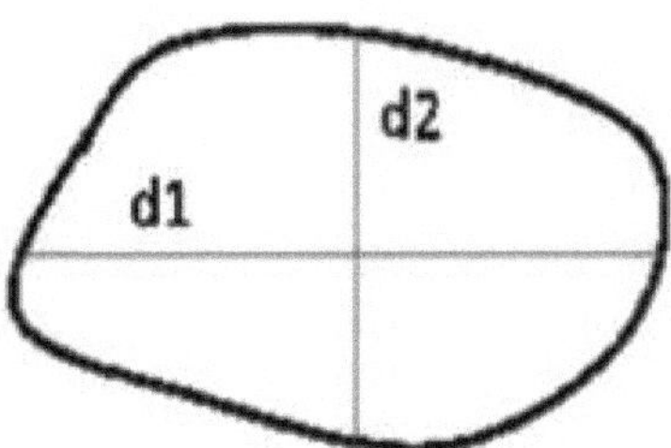

Figura 5: Técnica de medição do diâmetro: caso de um diâmetro bastante circular

1.1.2.2.2- Técnica de utilização :

✓ A bússola deve ser mantida perpendicularmente ao eixo do eixo ;
✓ O braço é fixado e fixado ao tronco, depois o braço deslizante é deslizado contra o tronco enquanto permanece perpendicular ao tronco;
✓ A medição é geralmente feita ao centímetro mais próximo (arredondar para o centímetro mais próximo).

1.1.2.2.3- Bússola Florestal Finlandesa

O seu não é devido à sua origem (Finlândia). Tem dois braços fixos, um direito, o outro curvo (parabólico) com graduações centimétricas até 51 cm. Esta bússola funciona através do avistamento. É utilizado para medir o diâmetro das árvores a vários níveis. Pode ser fixado a varas para que o diâmetro possa ser medido até cerca de 8-10 m do solo. O instrumento é aplicado contra o tronco de modo a tocar o tronco em dois pontos. A leitura é feita em relação à linha de visão paralela ao braço direito da bússola e tangente à árvore. Os binóculos podem ser utilizados para a leitura.

Figura 6: Compasso parabólico finlandês

1.1.2.3- Precauções para a utilização da bússola florestal :

- Prefere uma bússola metálica a uma de madeira (para estabilidade em condições meteorológicas),
- Certifique-se de que os braços da bússola estão no mesmo plano e perpendiculares à régua,
- Manter a unidade num plano tão perpendicular quanto possível ao eixo do eixo,
- Verificar o paralelismo dos braços,
- Evite colocar demasiada pressão sobre os braços,
- Empurrar a bússola contra a árvore até que a balança toque o tronco.

1.1.3.   O pentaprisma de Wheeler:

Também permite que o diâmetro seja medido a diferentes níveis do eixo. É um dispositivo com prismas ópticos dispostos de tal forma que a imagem do lado direito do tronco fornecida por um prisma em movimento pode corresponder à imagem do lado esquerdo do tronco fornecida por um prisma fixo. A leitura é feita com base numa régua graduada, deslizando o deslizador sólido. O pentaprisma pode medir diâmetros a diferentes níveis e a qualquer distância da árvore.

Figura 7: Pentaprisma de Wheeler

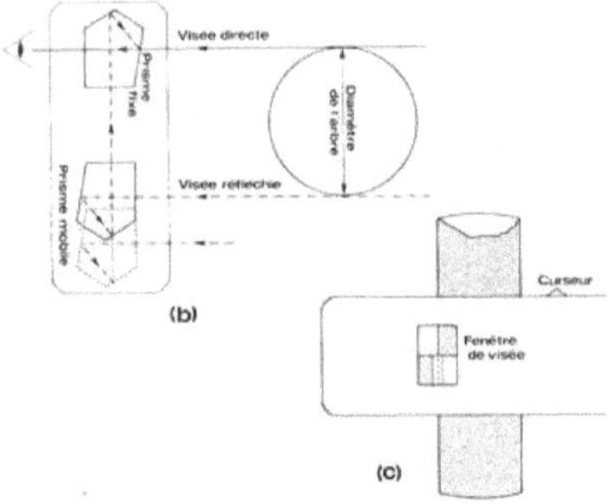

Figura 8: Visualização dentro do prisma Wheeler

1.1.4.   Relascópio Bitterlich:

O princípio da medição da altura pelo Relascópio Bitterlich é semelhante ao princípio dos dendrómetros do   tipo BLUMELEISS ou SUUNTO. As medições são feitas a uma distância pré-determinada da base da árvore, ou seja, a 15, 20, 25 ou 30 metros.

O princípio de medir o diâmetro do eixo é simples. É suficiente avaliar a largura das tiras que cobrem exactamente o diâmetro do eixo ao nível pretendido determinado.

Tabela 2: Valor do diâmetro em função da distância medida peloelascópio Bitterlich

Bandas	Valores de diâmetro (cm) em função da distância (m)			
	15 m	20 m	25 m	30 m
1BE	7,5	10	12,5	15
2BE	15	20	25	30
3BE	22,5	30	37,5	45
1BL	30	40	50	60
1BL+1BE	37,5	50	62,5	75
1BL+2BE	45	60	75	90
1BL+3BE	52,5	70	87,5	105
1BL+4BE	60	80	100	120

Exemplo1 :

A uma distância de 15 metros, o diâmetro de uma árvore a 1,30 m é coberto por 1 BL+ 2 BE; portanto, o diâmetro aparente desta árvore é igual a :30 + 15 = 45 cm.

Exemplo2 :

A uma distância de 15 metros, o diâmetro de uma árvore a 1,30 m é coberto por 1 BL + 2 BE + ½ BE; por conseguinte, o diâmetro aparente desta árvore é igual a : 30 + 15 + 3,75 = 48,75 = 49 cm.

Figura 9: Relascópio Bitterlich

Figura 10: Medição do diâmetro do eixo com o Relascópio Bitterlich (Banda 1)

1.1.5- O critério RD 1000:

É um dispositivo multi-disciplinar sofisticado, permite medir o diâmetro com uma elevada precisão a vários níveis, esta precisão deve-se ao seu inclinómetro interno.

Figura 11: Critério RD 1000

1.1.6- Fontes de erros :
1.1.6.1- Erros sistemáticos :

Também chamados erros instrumentais. Lidavam com o mesmo dispositivo de medição. Estes erros são o resultado de :

-   Adaptação incorrecta da unidade às condições climáticas ;
-   Problema com a nitidez e precisão dos valores;
-   Mau funcionamento do dispositivo.

1.1.6.2- Erros Aleatórios :

São erros relacionados com o operador durante a medição :

-   A bússola não é estritamente perpendicular ao tronco da árvore a 1,30 m ;
-   Força de tensão exercida sobre a bússola ;
-   Má leitura devido ao trabalho cansativo;
-   Posicionamento inadequado do operador para efectuar medições do eixo.

1.2- A Altura :

A altura é a característica mais importante a ser medida ou estimada a fim de determinar o volume ou vários parâmetros de forma. Desempenha também um papel fundamental na caracterização da produtividade dos sítios florestais.

1.2.1- Cruz de Lenhador:
1.2.1.1- Conceito básico :

É uma técnica rudimentar, mas é eficaz. Esta técnica requer duas varas do mesmo comprimento perpendiculares uma à outra. **a = b**

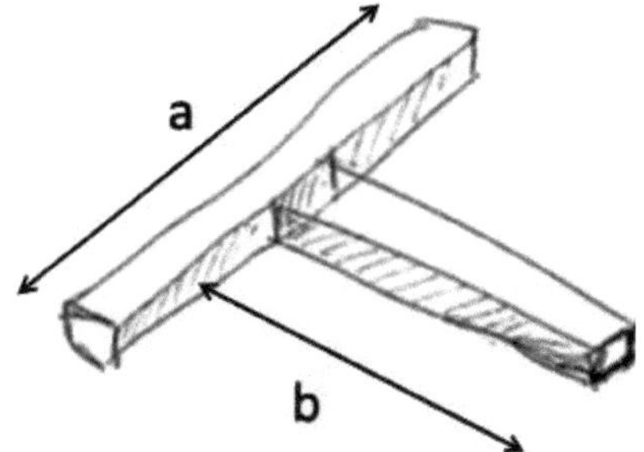

Figura 12: Conceito básico da cruz do lenhador

1.2.1.2- Tecnologia de medição :

- ✓ A primeira vara é colocada ao nível dos olhos paralela ao chão e a segunda paralela ao objecto a medir (a árvore), os dois paus formam a letra **(T)** ;
- ✓ Avançar ou afastar-se da árvore para que o topo da árvore coincida com o topo da vara e a base da árvore coincida com a base da vara ;
- ✓ A altura do eixo é igual à distância entre o eixo e o operador.

1.2.1.3- Estimar a altura das árvores :

Aplicamos o teorema de Thales. As linhas rectas (DE) e (AB) são verticais e, portanto, paralelas. Para o utilizar:

- Nos triângulos ODE e OAB: OD / OA = OE / OB ;
- Nos triângulos OFD e OHA: OF / OH = OD / OA ;
- A partir destes dois laços, deduzimos: DE / AB = DE / OH.
- Uma vez que ambos os paus têm o mesmo comprimento (DE = OF),
- ⇨ **A conclusão é a seguinte: AB = OH (= BC).**

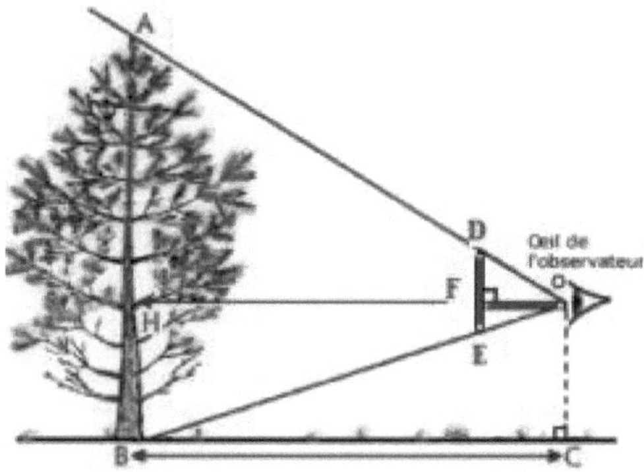

Figura 13: Estimativa da altura das árvores

1.2.2- Clinómetro da SUUNTO:

1.2.2.1- Tecnologia de medição :

Para medir altura. Requer que o operador se aproxime da árvore numa direcção que permita uma boa visibilidade da árvore.

A altura é medida apontando através do olho dióptrico à parte superior e inferior da árvore. A distância é determinada com a ajuda de uma fita adesiva.

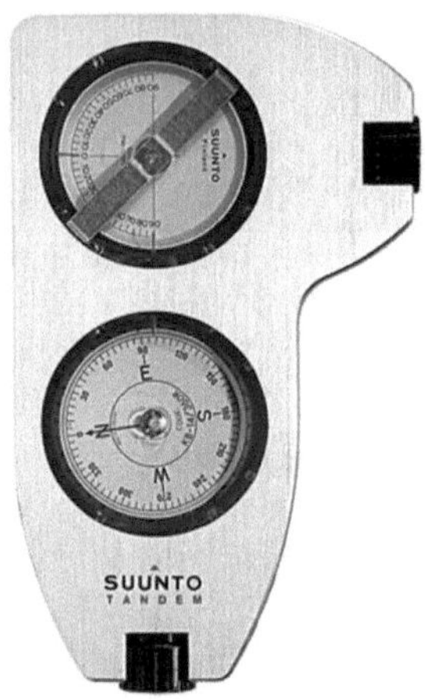

Figura 14: Clinómetro SUUNTO

1.2.2.2- Estimativa da altura por clinómetro :

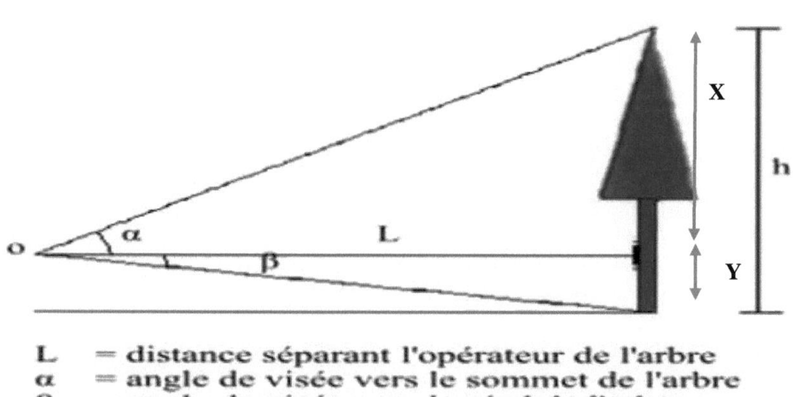

Figura 15: Estimativa da altura das árvores

<u>**Por exemplo:**</u>

- O ângulo (α) é igual a 30°.
- O ângulo (β) é de 10°.
- Tg (α) = X / L; tg (30) = X / L
- Tg (β) = S / L; tg (10° = S / L
- X = tg (30°) * L
- Y = (tg 10°) * L
⇨ A altura (h) é igual à soma dos valores de X e Y ;
⇨ H = X + Y = tg (30) * L + tg (10) * L
⇨ H = (0,577 * 15) + (0,176 *15)
⇨ H = 8,655 + 2,64

$$H = 11,30 \text{ m}$$

1.2.3- Blume-Leiss:

1.2.3.1- Princípio básico :

O BLUME-LEISS tem 4 escalas para alturas de leitura: 15, 20, 30 e 40 m. O valor na escala corresponde à distância escolhida em relação à árvore.

1.2.3.2- Tecnologia de medição :

1.2.3.2.1- :

➢ Fixar a haste de teste dobrável verticalmente ao tronco da árvore a ser medida. Em terreno ligeiramente inclinado, é preferível pendurar o bastão a um nível tal que a linha de visão seja relativamente horizontal.
➢ A distância do eixo deve ser uma das distâncias mencionadas no dispositivo 15, 20, 30, 40.
➢ Afastar-se da árvore numa direcção que permita uma boa visibilidade da altura estimada da árvore.
➢ Apontar através do visor de dioptrias da câmara. Existem **quatro linhas brancas** para uma distância de **15 ou 20m**. A uma distância de **30 ou 40m**, há **seis raias brancas com** as luzes extremas correspondentes à distância seleccionada.
➢ Avançar ou recuar até as 2 luzes centrais coincidirem perfeitamente.

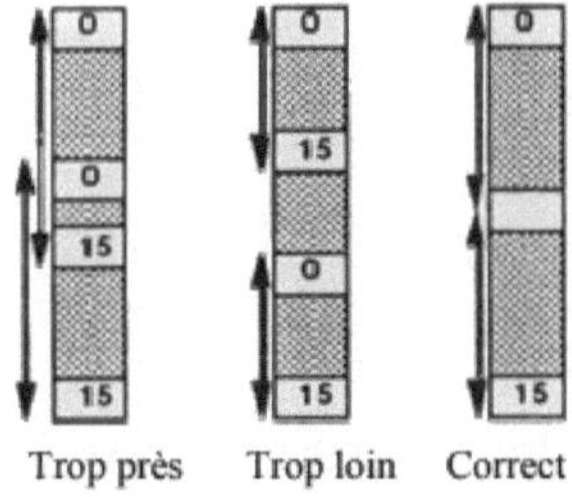

Figura 16: Controlo remoto pelo dispositivo BLUM-LEISS (15 m)

1.2.3.2.2- Calcula a altura :

A determinação da altura da árvore é efectuada da seguinte forma:

Caso [1]: Inclinação inferior a 5%: nenhuma correcção (terreno quase plano)

- O valor menor é subtraído do valor maior se ambos estiverem na mesma área (positivo / positivo).
- Dois valores são somados se estiverem em duas zonas diferentes (positivo / negativo).

Caso [2]: Inclinação superior a 5%: a correcção terá lugar

A correcção consiste em subtrair uma certa percentagem da altura medida da altura medida, dependendo do declive. Uma tabela de correcção pode ser encontrada no verso do BLUME-LEISS.

Para uma inclinação de 30°, por exemplo, um factor de correcção de 0,25 significa que 25 % da altura medida deve ser subtraído ao seu valor. No caso de uma encosta íngreme, é aconselhável ficar no mesmo contorno que o eixo.

1.2.4- Critério RD 1000 :

Figura 17: Critério RD 1000

1.2.5- Relascópio Bitterlich:

1.2.5.1- Princípio básico :

Tal como nos dendrómetros do tipo BLUME LEISS ou SUUNTO, a medição da altura assume uma distância predeterminada da base da árvore, ou seja, 15, 20, 25 ou 30 metros.

1.2.5.2- Tecnologia de medição :

1.2.5.2.1- Controlo remoto :

- A distância é calculada utilizando uma haste de ensaio de 2 m entregue com o dispositivo e colocada verticalmente contra o eixo a ser medido.
- Rodar a unidade 90° **para a esquerda**, mantendo o tambor bloqueado.
- Manter o **relascope horizontal de modo** a que a metade direita do campo de visão seja ocupada pelas riscas e a metade esquerda pela paisagem, e as riscas sejam estritamente verticais à vista.

- Posicionar o eixo (afastar-se ou aproximar-se) do eixo até que a linha horizontal marcada **"UNTAN"** coincida com a luz branca na extremidade inferior do padrão de ensaio e a distância de procura é determinada quando as bandas identificadas pelos valores 15, 20, 25, e 30 coincidem com a extremidade superior do padrão de ensaio.

Figura 18: Distância (20 m) antes da medição da altura (Plug J., 1988)

1.2.5.2.2- Calcular a altura :

- A medição da altura consiste em fazer duas leituras, uma no topo e a outra na base da árvore.
- Nas escalas relativas à distância do operador e para proceder como para o BLUMELEISS.

A vantagem do Relascope em comparação com o BLUMELEISS, não faz qualquer correcção de inclinação, as vistas são imediatamente corrigidas devido ao próprio princípio de construção do dispositivo **(largura das faixas variáveis variando de acordo com o ângulo de visão)**.

1.2.6- Vertex Haglöf:

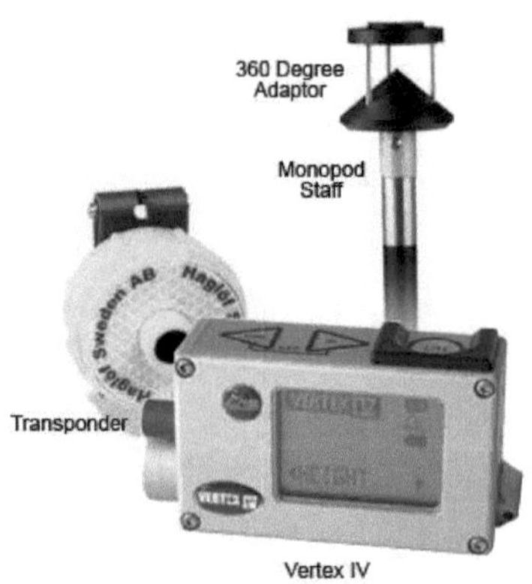

Figura 19: Vértice Haglöf

1.2.7- Fontes de erros :

1.2.7.1- Erros sistemáticos :

São erros relacionados com o instrumento:

- Defeitos de fabrico ;
- Manutenção deficiente;
- Falta de controlos regulares.

1.2.7.2- Erros Aleatórios

- Erro de leitura ;
- Manuseamento inadequado do dispositivo ;
- Posição do eixo (eixo inclinado) ;
- Natureza do terreno (encosta) ;

1.3. Área basal :

1.3.1- A cadeia relascópica:

1.3.1.1- Princípio básico :

Posicionamo-nos no centro do povoamento ou da parcela, depois fazemos um levantamento seleccionando todas as árvores existentes no campo de visão do entalhe, e contamos todas as árvores para ter a área basal elementar de todo o povoamento.

1.3.1.2- Cálculo da área basal :

A determinação da área basal elementar (árvore) ou de um povoamento depende do factor K. O factor relascópico baseia-se na largura do entalhe **(a)** e no comprimento da cadeia **(b).**

Com ; **K = 2500 * a² / b²**

Tabela 3: Tabela do valor relascópico K

K = 1		K = 2		K = 3		K = 4	
a (cm)	a (cm)	a (cm)	a (cm)	a (cm)	a (cm)	a (cm)	a (cm)
1	50	1	35	1	29	1	25
2	100	2	70	2	57	2	50

O entalhe é mantido a uma distância fixa do olho, assegurando simplesmente que a corrente se mantém esticada. Isto assegura um ângulo constante. Ao fazer uma visão geral completa, todas as árvores com um diâmetro aparente (1,30 m) maior que o entalhe são contadas como 1, as árvores tangentes ao entalhe são contadas como 0,5 e as árvores mais pequenas que o entalhe como zero. Para determinar a área, estes valores são multiplicados pelo factor K relascópico para obter a área basal de um stand.

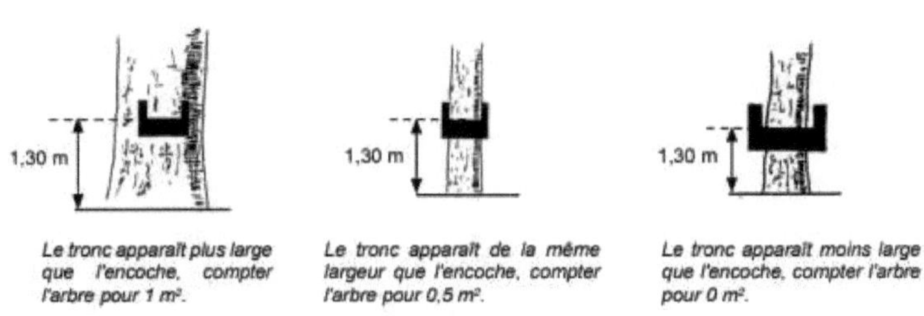

Figura 20: Factor do coeficiente de relascopicidade K

1.3.2- Relascópio Bitterlich:

1.3.2.1- Noções básicas :

O princípio de medir a superfície basal é semelhante ao da cadeia relascópica. As árvores cujo diâmetro aparente (1,30 m) é maior que a largura das tiras utilizadas tomam o valor 1, as árvores tangentes ao entalhe são contadas para 0,5 e as árvores que são menores que o entalhe para um valor de zero. Para determinar a área, estes valores são multiplicados pelo factor K relascópico para obter a área basal de um stand.

Quadro 4: Factor da área basal

Bandas	Factor de Área Basal (BAF)
1BL	1
2BL	2
1BE	1/16
2BE	1/4
3BE	9/16
1BL + 1BE	25/16
1BL + 2BE	9/4
1BL + 3BE	49/16
1BL + 4BE	4

1.3.2.2- Cálculo da área basal :

Se tomarmos 1BL +4BE, sabemos que o factor da área basal é 4, vemos que 6 árvores são interceptadas: 4 árvores cujos diâmetros aparentes são superiores à largura da faixa escolhida, 1 árvore tem um diâmetro aparente igual a esta largura e 1 árvore cujo diâmetro é inferior à largura da faixa.

A área basal é calculada da seguinte forma:

$$G = (1 + 1 + 1 + 1 + 1 + 0 + 0,5) * 4 = 18 \ ^{m2} / ha$$

1.3.3- O critério RD 1000: (BAF)

Determinação da área com base em vários factores (BAF).

1.4- Recomendações relacionadas com o cálculo dos tamanhos :

1.4.1- Erros resultantes do agrupamento em classes :

O agrupamento em classes de tamanhos a colher simplifica as medições (cálculo do volume por categoria de tamanho). Também se deve ter em conta que esta redução de dados pode levar a erros.

1.4.2- Erros devidos a arredondamentos :

Quando fracções de cm não são tidas em conta e para evitar um enviesamento, a unidade inferior ou superior correspondente aos limites da classe deve ser arredondada para cima ou para baixo, consoante o resultado da medição seja inferior ou superior ao valor central da classe. Se se trabalha, por exemplo, ao centímetro mais próximo, a classe de 25 cm incluiria valores que variam entre 24,50 e 25,49 cm.

1.4.3- Erros devidos a mudanças de estação e nível de medição :

Em áreas com uma estação de crescimento acentuado. **"A época de crescimento das árvores sempre verdes é a época do ano desde a emergência das folhas na Primavera até ao amarelecimento. Este período é marcado por uma alta actividade arbórea (crescimento, frutificação).** As medidas devem ser tomadas numa altura específica do ano, idealmente fora da época de crescimento. Se as medições tiverem de ser repetidas para os cálculos de crescimento, devem ser feitas na mesma altura do ano.

1.4.4- Convenções a serem adoptadas de acordo com a topografia :

- Medição do lado a montante da árvore em terreno inclinado (a) ;
- Escolha de um nível médio que materialize o ponto inferior de medição da altura do poço de visita no caso de um solo com uma superfície muito irregular (c).

1.4.5- Convenções a serem adoptadas de acordo com a morfologia das árvores :

- Medições individuais de caules de árvores bifurcados se o garfo for originário abaixo do nível da altura humana (e, d) ;
- Medição em ângulo para veios inclinados (b) ;
- Resultado médio se o defeito estiver à altura humana (f).

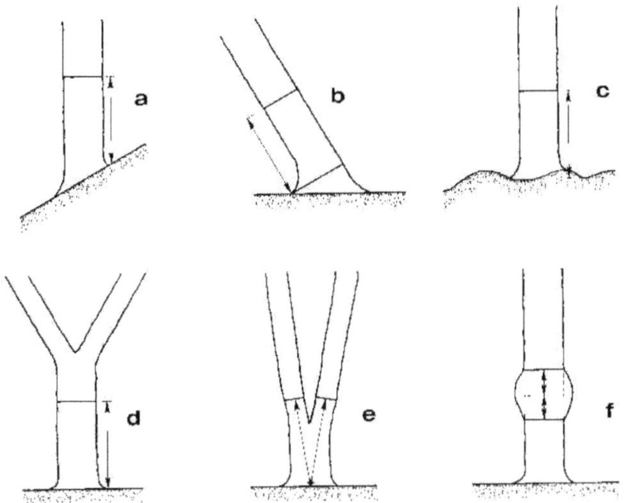

Figura 21: Convenções a adoptar de acordo com a morfologia das árvores (Rondeux, 1993)

1.5- O coeficiente de forma:

1.5.1- O Relascópio Bitterlich:

1.5.1.1- :

Dentro do dispositivo existem 3 escalas de distância (20, 25 e 30). A uma distância seleccionada, ter efectuado as medições necessárias **(Fig. 24).**

- ✓ A distância relativa escolhida é de 25. A banda de trabalho é a banda de 1BL e a 4BE deve ser coincidente em d $_{1.30}$.
- ✓ O operador posiciona-se a uma distância tal do eixo que a largura aparente do diâmetro do eixo a 1,3 m corresponde exactamente à largura da correia de trabalho **(1BL + 4BE).** Em geral, a distância é igual a 25 vezes o diâmetro, (Ex: a 40 cm de diâmetro, a distância para fazer medições é igual a 25 vezes a multiplicada por 0,4 m; portanto, a distância é de 10 metros).

- ✓ Com o pêndulo desbloqueado, o operador lê os resultados obtidos, na mira inferior e superior, na escala de 25 m. As medidas feitas são expressas em **"unidades de diâmetro"** **(Fig.23).**

<u>**Por exemplo:**</u>

Suponha-se que uma árvore com um diâmetro de 55 cm a 1,3 m é medida e as vistas para cima e para baixo dão valores de 36 e 9 "unidades de diâmetro" respectivamente. A altura da árvore em unidades de diâmetro é 36 (9) = 45 unidades de diâmetro i.e. 45 0,55 = 25 m.

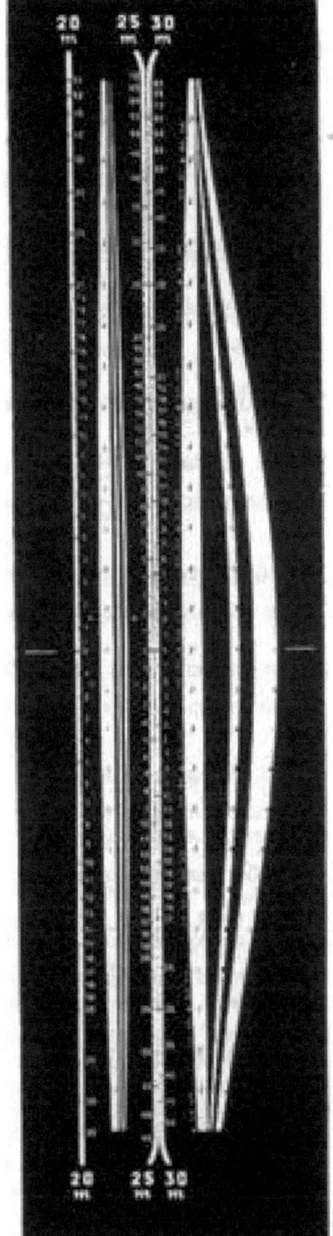

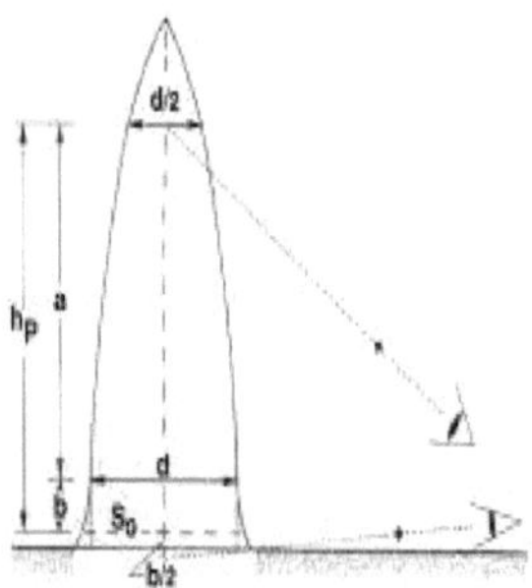

Figura 22: Determinação do volume das árvores utilizando a fórmula PRESSLER (Rondeux J.,

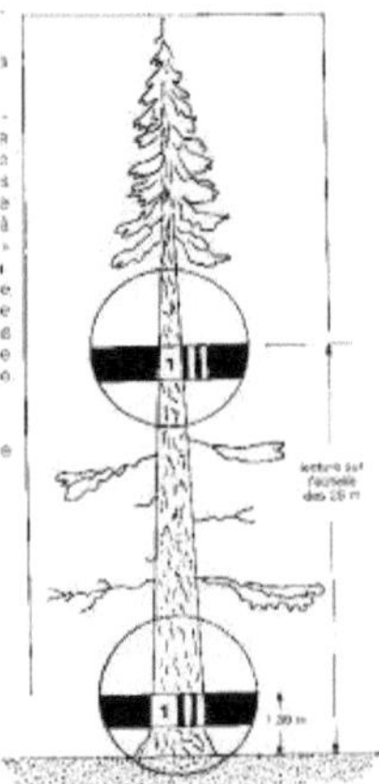

Figura 23: Medir a altura de uma árvore com um relascope sem utilizar uma barra de mira (Plug J., 1988).

Fig. 24: Escalas graduadas do Relascópio Bitterlich - vista geral

1.6- Mede a forma e o coeficiente de volume :
1.6.1- O coeficiente de forma:

✓ O operador está a uma distância igual a 25 vezes o diâmetro a 1,30 m ($d_{1,3}$), de modo a que a banda larga e as quatro bandas estreitas cubram o tronco do DPH. O dispositivo é então elevado ao ponto em que a banda única 1 cobre exactamente o diâmetro da árvore (isto é então à altura correspondente a metade do diâmetro à altura humana) (**L1**).

✓ As seguintes leituras são então feitas na escala de 25 m: leitura a 1,30 m e leitura para cima (**L2**) **no** nível correspondente a **0,5 * d1**$_{,3}$

✓ Uma terceira leitura (**L3**) **abaixo do** nível do solo a **b/2 = 1,3/2 = 0,65 m (Fig.22)**.

✓ **O coeficiente de forma** (*f*) **é igual a :**

f = h'1 / h; onde
- h'1 é a diferença entre as leituras (L1 e L2) ;
- h' é a diferença entre as leituras (L1 e L3).

$$f = \text{h'1} / \text{h} = \text{(L1-L2)} / \text{(L1-L3)}$$

1.6.2- O volume da árvore:

Além disso, se olharmos para a altura Hp (altura Pressler), que é metade do diâmetro da superfície S0 da secção basal (correspondente ao nível de corte), podemos demonstrar que :

- Hp = 0.75.h para um parabolóide,
- Hp = 0.50.h para um cone,
- Hp = 0,37 horas para um neloid.

O volume total do caule é escrito:

- V = 2 / 3 * (g*a) + (g*b)
- V = 2 / 3*g (a+2/3*b)
- V = 2 / 3 * g (Hp+b/2)
- V = f *g*Hp; **Hp = a + b**

Onde

    a: distância entre o nível de 1,3 m e o nível correspondente a metade do diâmetro a 1,3 m,

    b: distância entre o nível de abate e o nível de altura do homem.

2. Instrumento de medição da idade das árvores :

2.1- PRESSLER broca :

Os brocas PRESSLER consistem em três partes: uma broca, um extractor e uma pega que serve de mala de transporte. Quando penetra na árvore, forma-se um pequeno cilindro de madeira (núcleo) dentro da broca, que pode ser removido com o extractor. Neste cilindro, pode :

- Contar e medir anéis de crescimento anual,
- Examinar a qualidade da madeira,
- Verificar a profundidade de impregnação

No entanto, existem três causas de erro ao estimar a idade usando a broca PRESSLER:

- Os anéis anuais são demasiado apertados, tornando a identificação e a contagem difícil,
- Possível ausência de medula (centro da árvore) na amostra colhida (difícil de atravessar o centro da árvore),
- Estimativa do número de anos que a árvore leva para atingir o nível de som da broca (Presença de ocos).

Figura 25: PRESSLER Auger

3. Instrumentos para medir a espessura da casca de árvore :

3.1- Medidor de cascas:

Também conhecido como um escalador de casca de árvore. O escaler da casca consiste numa haste oca de aço com forma de semicírculo, com uma extremidade afiada e com graduações milimétricas na outra extremidade. O aparelho deve ser mantido perpendicularmente à árvore e a haste deve ser conduzida através da casca. Recomenda-se a realização de duas medições em pontos diametralmente opostos.

3.2- O martelo sonoro:

Este dispositivo (figura 5), feito de aço especial sueco, permite a extracção rápida, através de um golpe na árvore, de um pequeno cilindro de madeira com cerca de 3 cm de comprimento, no qual a espessura da casca pode ser observada ou medida. O sistema destina-se principalmente à recolha de pequenos núcleos de madeira (anéis anuais dos últimos anos podem ser contados ou medidos), mas não é recomendado para fazer medições de casca com precisão satisfatória.

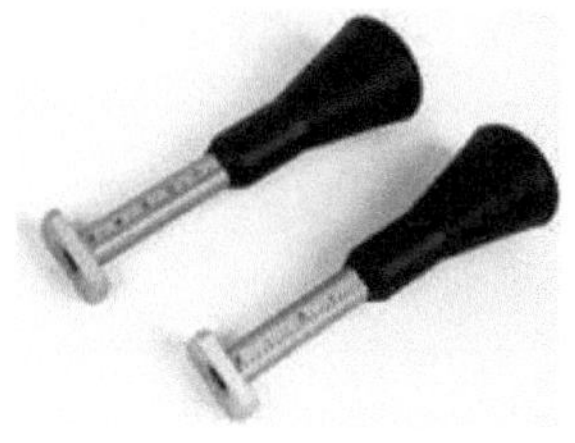

Figura 27: Medidor de cascas

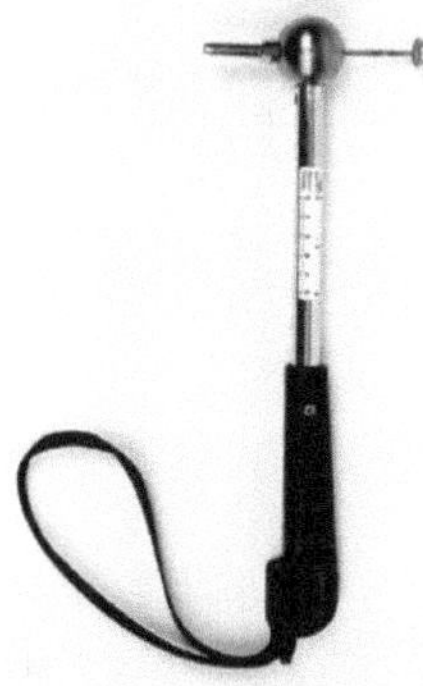

Figura 26: Martelo de sonar

3.3- Mede a contagem da casca :

A taxa de casca é então calculada da seguinte forma:

- Seja (**e**) a espessura medida. O diâmetro sob casca (**ds**) é deduzido do diâmetro sobre casca (**d**) pela seguinte relação: **ds = d - 2*e.**
- A taxa de casca será então deduzida através do cálculo do rácio: (d - ds) / d.

3.4- Medição da casca de juros :

A medição da espessura da casca é muito interessante pelas seguintes razões:

- ✓ Valorização de produtos florestais não lenhosos (NTFP): utilização da casca como produto energético (fogo), fertilidade do solo (composto), indústria (tanino: casca de pinheiro de Aleppo) ;
- ✓ Estimar a taxa de casca de árvore ao vender madeira para determinar o volume sob casca.

Capítulo 2:

Características dendrométricas da árvore e do povoamento silvicultor

Tabela de Conteúdos

Listas de tabelas

Listas de números

PARTE. 1: Características dendrométricas do eixo

1- Dendrometria:

A palavra dendrometria é uma palavra grega composta por duas palavras (**dendro**: árvore e **metrie**: medida). A rigor, é a medida da árvore.

No sentido mais amplo, a dendrometria é um campo que se preocupa com a medição de árvores para determinar todas estas características.

A dendrometria envolve geralmente a descrição das características das árvores (**diâmetro, altura, forma, idade, volume, etc.**) e dos povoamentos (**altura, densidade, volume médio, factor de incremento, etc.**). É utilizado tanto no campo da exploração e comercialização de madeira como na silvicultura e gestão florestal.

2- Objectivos :

2.1- Cientista:

- ➢ Estimativa mais precisa do tamanho, altura, forma e volume das árvores e dos povoamentos florestais em geral ;
- ➢ Construção de modelos de crescimento de povoamentos florestais ;
- ➢ Determinação da produtividade do stand ;
- ➢ Introduzir uma taxa de cubagem para o povoamento com base no tamanho da árvore;
- ➢ Determinar a fertilidade do local com base na altura de crescimento do povoamento (altura dominante) e lateral (diâmetro).
- ➢ Estudar a variação climática através da análise do caule; alternar as estações secas e chuvosas é **dendrocronologia**.

2.2- Aprendizagem :

- ➢ Conhecimento de ferramentas e técnicas para a medição de veios;
- ➢ Domínio das técnicas de inventário;
- ➢ Capacidade de gerir e monitorizar stands.

3- Diferentes partes da árvore :

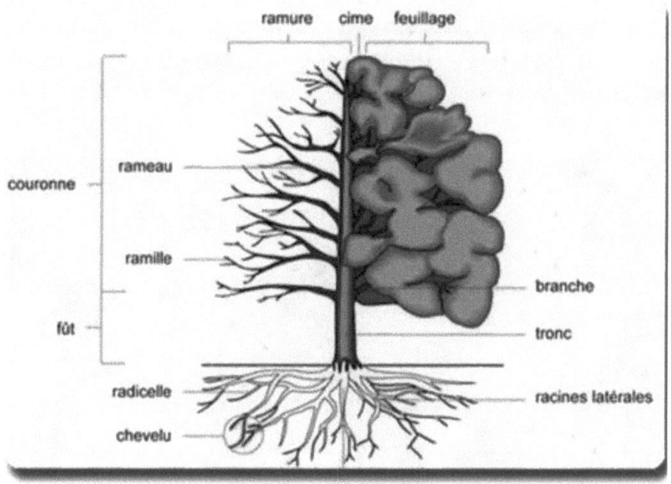

Figura 28: Estrutura de uma árvore

3.1- Parte aérea
- **O tronco ou o barril:**

Esta é a parte do caule localizada entre o coto e a parte inferior da coroa (coroa), é a parte mais interessante, através da qual são feitas medições para designar as classes de altura comercial e sobreposição, coeficiente de forma, coeficiente de conicidade, conicidade métrica e classes de tamanho.

- **A copa das árvores:**

Parte da árvore que consiste em todos os ramos. A parte inferior denominada coroa que corresponde à intersecção do tronco com os ramos principais.

- **O topo:**

A parte superior é a parte superior da coroa.

- **O chifre:**

O galho são todos os ramos, galhos e folhagem.

3.2- Parte subterrânea :

Esta parte é essencialmente correspondida pelas raízes. As raízes consistem num caule principal com ramos cada vez mais pequenos chamados raízes, o conjunto de ramos forma o cabelo.

4- Tamanho do eixo :

4.1- Diâmetro :

Na dendrometria, o diâmetro é um critério de referência para realizar todas as análises necessárias dentro de um povoamento florestal. O diâmetro da árvore é medido na casca à altura do peito, 1,30 m acima do solo, chamado diâmetro da árvore à altura do peito humano (HCH). Em inglês: Diameter at the Breast Hight (DBH).

A posição da medição do diâmetro é diferente, dependendo da posição em que o DPH é captado no campo.

4.1.1- Terreno plano :

Este é o caso mais simples e não apresenta problemas de medição, basta medir 130 cm a partir do ponto de intersecção entre a árvore e o solo para cima.

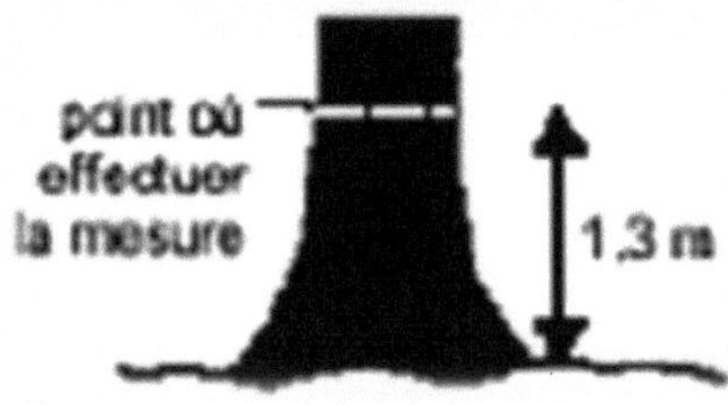

Figura 29: Medição do Diâmetro da Altura do Chest-Height (CHD) em terreno plano.

4.1.2- Terreno inclinado :

Para medir o diâmetro (DBH) da árvore em terreno inclinado, recomenda-se fazer as medições no lado superior da inclinação, ou seja, a medição é feita na parte a montante do terreno.

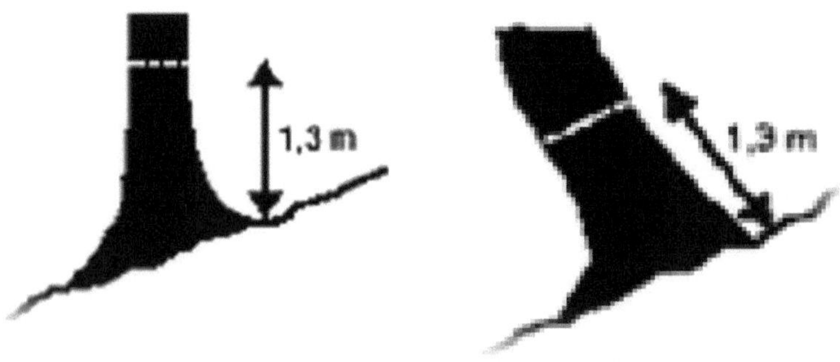

Figura 30: Medição do HBD de uma árvore em terreno inclinado

4.1.3- Eixo bifurcado :

Há três casos, dependendo da bifurcação do caule:

4.1.3.1- Bifurcação inferior a 30 cm :

Cada caule tem o seu próprio diâmetro, pelo que cada caule é considerado uma árvore. A medição do diâmetro de cada caule será feita a 1,30 m.

4.1.3.2- Bifurcação entre 30 e 130 cm :

Cada caule será considerado como uma árvore e será medido. O diâmetro é então medido 1 metro acima da origem da bifurcação.

4.1.3.3- Bifurcação de mais de 130 cm :

A árvore contará como uma única árvore. A medição do diâmetro é então tirada do ponto de intersecção da bifurcação para baixo.

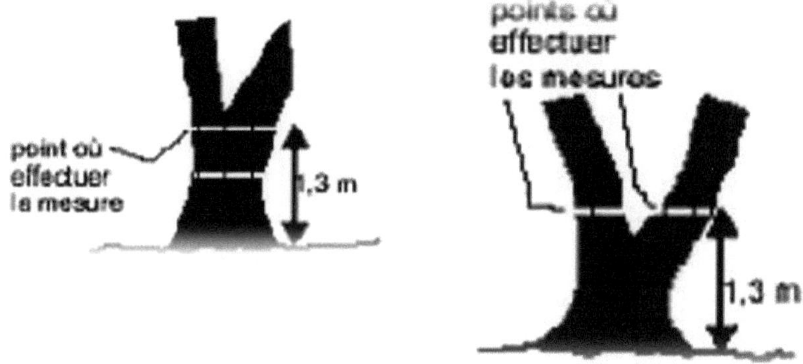

Figura 31: Medição de DHP de um eixo bifurcado

4.1.4- Eixo inclinado :

Para medir o diâmetro (DBH) de um eixo inclinado é necessário fazer medições no lado da inclinação do eixo (**ângulo agudo entre o eixo e o solo**).

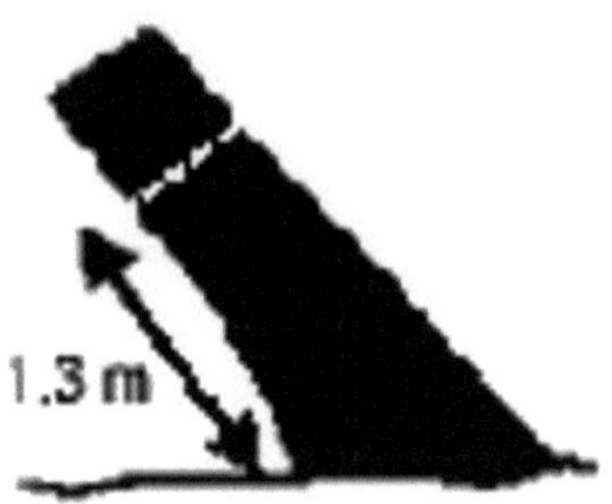

Figura 32: Medição de DHP de um eixo inclinado

4.1.5- Eixo com protuberância :

Para árvores com protuberâncias, saliências, nós, feridas, ocos e ramos, etc., à altura do peito, as árvores são medidas logo acima da irregularidade, onde deixa de afectar a forma normal do tronco.

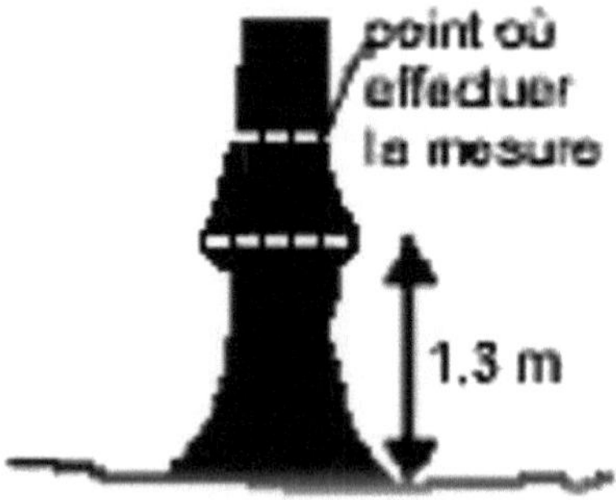

Figura 33: Medição da DAN de um eixo com uma

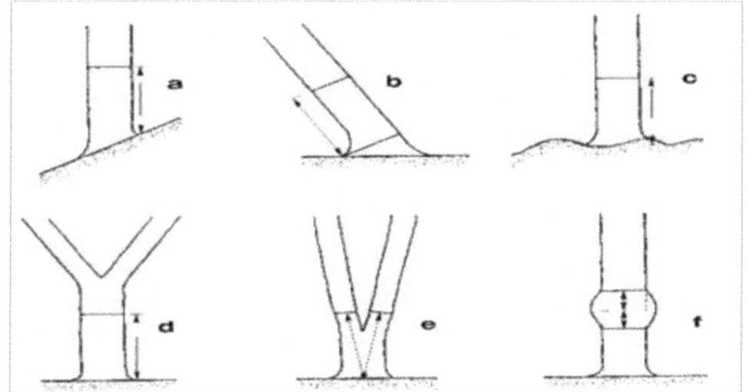

Figura 34: Recomendações relativas na medição de tamanhos de árvores (Rondeaux;1993)

4.1.6- Erro de medição :

Existem dois erros principais: Erros devidos a instrumentos de medição **(Erros Sistemáticos)** e erros de medição **(Erros Aleatórios).**

4.1.3.1- Erros sistemáticos :

- Problema de adaptação do equipamento de medição às condições climáticas (chuva) ;
- Problema com a visibilidade das graduações ;
- Estabilidade do material ;
- Defeitos de fabrico ;
- Manutenção deficiente e falta de controlos regulares.

4.1.3.2- Erros aleatórios :

4.1.3.2.2   .1-Derrotas de   inclinação :

O braço da bússola ou fita da floresta não são verdadeiramente perpendiculares ao eixo da árvore.

4.1.3.2   .2-Leitura   incorrecta :

Leitura incorrecta dos valores indicados no instrumento devido a :

- Fadiga;

- Posicionamento incorrecto em relação ao instrumento ;

- Omissão do nível de medição convencional (DPH), acima ou abaixo de 1,30 m ;

- Forte tensão exercida sobre a fita ou o braço móvel da bússola florestal no tronco da árvore.

4.2- Altura :

A altura é uma característica igualmente importante utilizada para medir ou estimar o volume ou a forma de uma árvore. Também desempenha um papel fundamental na determinação da produtividade das estações com base na altura dominante do povoamento florestal. O termo "altura" é frequentemente usado para se referir a árvores em pé, enquanto que o termo "comprimento" é usado para se referir a árvores abatidas ou toros.

Podem ser definidos vários tipos de alturas:

4.2.1- Altura dominante :

A altura dominante (**H. dom**) **é a** altura média total das 100 árvores mais altas por hectare.

4.2.2- Altura comercial :

A altura comercial (**H. com**) também conhecida como altura **comercial** ou **altura da madeira; é a** distância entre o nível do solo e a intersecção dos primeiros grandes ramos com o caule. É a parte mais vendável do tronco, e é utilizada para estimar o volume comercializável da árvore.

4.2.3- Altura de corte :

Também chamada **altura de madeira forte**. É a altura a partir da qual a sua ponta tem 7 cm (ou seja, 22 cm de circunferência). É utilizado para estimar o volume de madeira forte. No entanto, e em **madeira macia em particular, a altura de corte é igual à altura comercial**.

4.2.4- Altura total :

A altura total (**H. tot**) é a altura de todo o pé da árvore base até ao botão terminal.

Figura 35: Diferentes tipos de alturas de árvores

4.2.5- Erros de medição :

Existem dois erros principais: Erros devidos a instrumentos de medição (**Erros Sistemáticos**) e erros de medição (**Erros Aleatórios**).

4.2.5.1- Erros sistemáticos :

- Problema de adaptação do equipamento de medição às condições climáticas (chuva) ;
- Problema com a visibilidade das graduações ;
- Estabilidade do material ;
- Defeitos de fabrico ;
- Manutenção deficiente e falta de controlos regulares.

4.2.5.2- Erros aleatórios :

- Posição da árvore em relação ao solo (por exemplo, uma árvore inclinada, uma árvore numa encosta), e portanto a possibilidade de cometer um erro ao medir a altura exacta da árvore ;
- Densidade de povoamento que torna ambígua a visibilidade máxima.

4.3-Circunferência :

A medida da circunferência (C) tem o mesmo princípio que o diâmetro; mas a diferença entre os dois é que :

$$C = D*\pi$$

$$D = C/\pi$$

4.   4-Superfície do fundo :

A superfície basal de uma árvore é a área da secção do tronco da árvore a 1,30 metros (DBH). A unidade da superfície basal é assim expressa em (m²) e anotada (g).

$$g = (\pi*d^2 1_{,30}) /4 \text{ onde}$$
$$g = C^2 1_{,30} /4\pi$$

A área basal de um povoamento é a soma da área do terreno de todas as árvores que compõem o maciço florestal, a sua unidade é de **m²/ha**.

4.5-Recomendações relativas às medidas do tamanho do eixo :

A ocorrência de erros é comum durante o trabalho, estes erros estão relacionados com o operador ou com o próprio equipamento. A fim de evitar ou reduzir estes erros, é preferível que o operador seja :

- Atencioso em todas as fases do trabalho ;
- Cuidado ao ler números sobre instrumentos de medição ;
- Comprovar o bom funcionamento do equipamento.

4.5.1- Erros devidos a classes de tamanho :

As classes de tamanho facilitam o cálculo da taxa de cubagem (cálculo do volume por classe de tamanho) para fins de construção, o que posteriormente conduz a resultados tendenciosos se a gama de tamanhos for grande. É melhor usar classes de tamanho a magnitudes razoáveis.

5 cm para as classes de diâmetro: (2.5_7.5);(7.5_12.5);(12.5_17.5);(17.5_22.5) ...etc.

10 cm para classes de circunferência : (5_15);(15_25);(25_35);(35_45) ...etc.

4.5.2- Erros devidos a arredondamentos :

A fim de ter números inteiros, arredondar fracções (parte decimal) ou aumentando ou diminuindo respeitando os limites de classe.

Ex:

- $d_{1,30} = 12,80$ cm; portanto $d_{1,30} = 13$ cm pertence à classe [12,50_17,50[
- $d_{1,30} = 17,30$ cm; portanto $d_{1,30} = 17$ cm pertence à classe [12,50_17,50[

Este intervalo inclui valores de diâmetro de [12,50 a 17,49].

- $d_{1,30} = 23,8$ cm; portanto $d_{1,30} = 24$ cm pertence à classe [15_25[
- $d_{1,30} = 24,95$ cm; portanto $d_{1,30} = 25$ cm pertence à classe [15_25[

Esta gama inclui valores de diâmetro de [15 a 24,99].

4.5.3- Erros devidos a mudança de período :

Por estação entendemos o período de vegetação em que a planta **passa um período activo do seu crescimento.**

A época de crescimento das árvores sempre verdes é a época do ano entre o aparecimento das folhas na Primavera e o amarelecimento do Outono. Este período é marcado por uma alta actividade arbórea (crescimento, frutificação).

É apropriado:

- ➢ Efectuar medições fora da época de crescimento ;
- ➢ Efectuar as medições no mesmo período de tempo para calcular os aumentos.

5- Outras características dendrométricas :
5.1- O formulário :

A forma de uma árvore é um elemento essencial para estimar o volume em pé da árvore. Na verdade, o tronco ajuda-nos a identificar a forma do caule, que é neloide, parabolóide e um corte cónico.

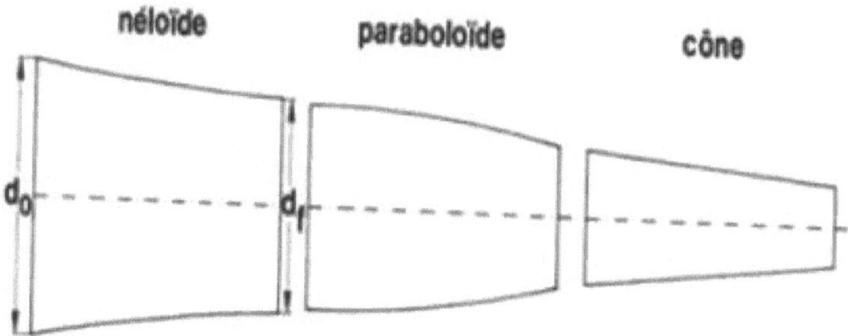

Figura 36: Diferentes formas de veios

Ao calcular o tamanho do produto de madeira de uma árvore, é difícil, se não impossível, calcular o volume real de madeira. Para este fim, durante o processo de concepção do fluxo do cubo foi acordado que o volume do barril de árvore deveria ser adaptado ao volume do cilindro.

5.1.1- O coeficiente de decaimento :

O coeficiente de decaimento ou (**k**) **é a** razão entre o diâmetro ou circunferência a meia altura (**d0, 5**) **do** caule e o diâmetro ou circunferência medida à altura humana (**d1, 30 m**).

$$K = D0_{,5} / D1_{,30\,m} \quad ou \quad K = C0_{,5} / C1_{,30\,m}$$

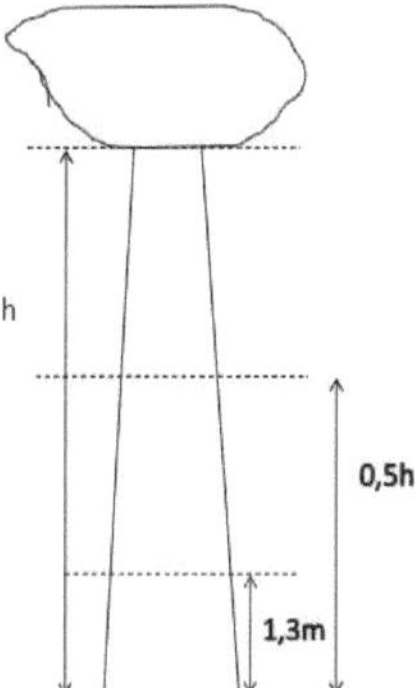

Figura 37: Cálculo da decadência mediana

Por exemplo, a aplicação de um coeficiente de decaimento de 0,35 (35%) a uma árvore de 250 cm de diâmetro a 1,30 m dá um diâmetro médio de 87,5 cm, independentemente da altura.

5.1.2- O coeficiente de redução :

O coeficiente de redução, denotado **(r)**, é a razão entre a diferença de tamanho à altura do homem e a meia altura e o tamanho à altura do homem, onde ;

$$r = (D1,_{30\,m} - D0,_5) \,/\, D1,_{30\,m} \text{ ou } (C1,_{30\,m} - C0,_5) \,/\, C1,_{30\,m}$$

$$r = 1\text{-}k$$

Este coeficiente indica a proporção pela qual o tamanho dos tambores deve ser reduzido à altura humana para se obter o tamanho a meia altura. O coeficiente de redução é um complemento do coeficiente de redução métrico **K**.

5.1.3- Desintegração métrica média ou rolagem :

O decaimento métrico médio **(d.m.m)** expresso por **(cm/m) é a** diferença entre o diâmetro (ou circunferência) em DPH e o seu diâmetro a meia altura dividido pela diferença entre a altura a meia altura do barril e o seu diâmetro em DPH.

$$d.m.m = (d_{1,30} - d_{0,5}) \,/\, (h0,_{5\text{-}1}.3)$$

$$d.m.m = (C_{1.30} - C_{0.5}) \,/\, (h0,_5 1.3)$$

Em alternativa, o diâmetro a meia altura *(d $_{0,5}$)* pode ser substituído pela altura no recorte. **(d.** corte*)*, o da circunferência **(C.** corte*)*.

$$d.m.m = (d_{1,30} - d._{corte}) \,/\, (h._{corte} \text{-}1,3)$$

$$d.m.m = (C_{1,30} - (C._{corte}) \,/\, (h._{corte} \text{-}1,3)$$

5.1.4- O coeficiente de forma :

O coeficiente de forma é uma das características dendrométricas entre outras, dá informações sobre a rectidão do caule anotada *(f)*, explica a retracção da espessura (circunferência ou diâmetro em função da altura. Quanto mais este coeficiente tende para 1, tanto mais recto é o caule. O coeficiente de forma é calculado por dois métodos:

1º método :

O coeficiente de forma corresponde à relação entre o volume real **(Vr)** da árvore e o volume de um cilindro tendo como base a área da secção transversal a 1,3m **(g $_{1,30}$)** e como comprimento, a altura da árvore ao corte **(h.** corte*)*.

$$f = Vr \,/\, g\,1,30 * h.\ corte$$

2º método :

Para determinar o coeficiente de forma do barril, recomenda-se a utilização do **"Bitterlich Relascope",** este instrumento permite a realização de todas as medições necessárias relacionadas quer com o povoamento florestal (diâmetro, área basal e coeficiente de forma) quer com o terreno (inclinação, altura, ...etc.).

Para determinar a forma do tronco de uma árvore em pé, são dados os seguintes passos:

1- Uma distância de 25 vezes o diâmetro a 1,30 metros do tronco afectado. Deve ter-se em consideração que o número foi retirado da árvore no DPH em centímetros o mesmo número será convertido no campo em metros (por exemplo, $D1_{,30}$ é 40 cm, pelo que a distância é igual a 25*0,4 metros, o que dá 10 metros).

2- O relascópio destina-se ao nível de 1,30 m da árvore e o número de tiras que são sobrepostas no tronco é então determinado, dando assim uma primeira leitura (**L1**).

3- Na mesma posição, o Relascope é movido para cima até à altura comercial (**H. com**), a leitura (**L2**) será exibida.

4- Visamos a base da árvore através do Relascópio para obter a primeira leitura (**L1**) e a segunda ao nível do DPH (**L2**).

5- Calcula o valor do coeficiente de forma (*f*), através da seguinte fórmula. Com :

$$h'1 = L1 + L3; \ e$$

$$h' = L2 + L3$$

> **Se os valores l1, l2 e l3 tiverem o mesmo sinal (+, +) (-; -), a subtracção é realizada.**
>
> **Se não, vamos somá-lo;**

<u>**Nota :**</u>

Exemplo 1: caso de dois sinais diferentes Exemplo 2: caso do mesmo sinal

- l3 = -2	l3 = 2
- l1 = 3	l1 = 3
- l2 = 12	l2 = 12

Determinação do coeficiente de forma (*f*) : Determinar o coeficiente de forma (*f*) :

- *f* = (3 + 2) / 12 + 2	*f* = (3 - 2) / 12 - 2
- *f* = 5 / 14	*f* = 1 / 10
- *f1* = **0,357**	*f2* = **0,1**

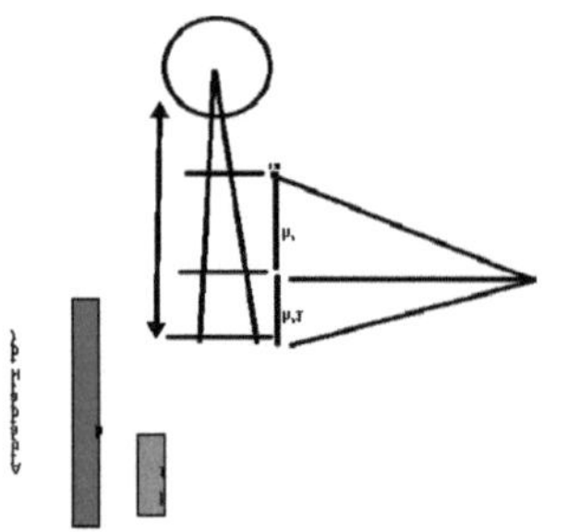

Figura 38: Cálculo do coeficiente de forma

Interpretação dos resultados :

- O coeficiente de forma dá a forma do caule, mas em geral o valor de f não excede 0,8.
- O coeficiente de forma, representa a percentagem da forma do eixo em relação ao cilindro ao qual assimila o volume real do eixo.
- O valor de f é relativamente proporcional à altura do caule; se o caule for curto, o *valor de f* é grande e vice-versa.
- $f1 = 0,375$; ou seja, a forma do eixo é 37,5% da forma de um cilindro.
- $f2 = 0,1$; ou seja, a forma do eixo é 10% da forma de um cilindro.

5.2- Idade :

Isto significa o número de anos de uma árvore a partir da germinação da semente. No entanto, nos termos do acordo, a idade da árvore é frequentemente iniciada assim que é introduzida na floresta.

A idade da árvore é determinada pelo cálculo do número de anéis anuais (anéis de Verão e de Inverno). O anel de Inverno é mais largo do que o anel de Verão é mais estreito.

As amostras são extraídas da secção de um tronco ou toco o mais próximo possível do solo (30 cm), para incorporar rebentos dos primeiros anos, se a idade for a única informação procurada.

5.2.1- Determinação da idade pelo número de prostituições :

Este método apenas diz respeito às coníferas, especialmente às espécies bem vertiginosas e desde que não cresçam vários rebentos por ano.

5.2.2- Determinação da idade por número de anéis anuais :

Este método é aplicável em todas as espécies e desde que não formem vários anéis por ano. É também utilizado para determinar as condições climáticas vividas pelas árvores e, portanto, para conhecer os anos chuvosos e secos de uma determinada região.

5.2.3- Determinação da idade com a broca PRESLER :

É utilizada se a árvore estiver em pé, inserindo uma broca no tronco, esta operação é delicada porque leva ao aparecimento de podridão ou descoloração, apesar das precauções tomadas antes da desinfestação dos materiais utilizados, mas continua a ser um método destrutivo.

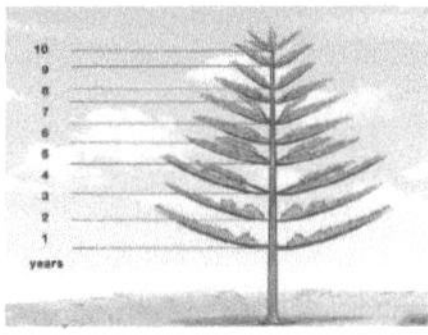

Figura 40: A idade da árvore é determinada pelo número de putas.

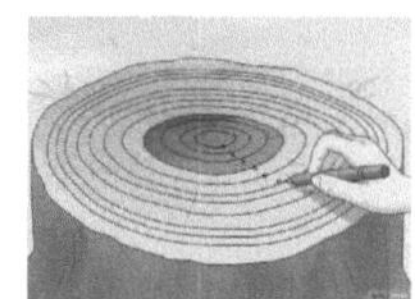

Figura 41: A idade da árvore é determinada pelo número dos *anéis*.

Figura 39: Determinação da idade pelo

5.3-   Medir a casca :

A medição da casca é interessante para :

- ✓ Apreciar a importância da casca de árvore na sua utilização como produto energético (fogo), fertilidade do solo (composto), indústria (tanino: casca de pinheiro Aleppo) ;
- ✓ Estimar a taxa de casca de árvore ao vender madeira para determinar o volume sob casca.

PARTE 2: Características Dendrométricas do Suporte
1- Os aumentos:
1.1- Definição :

O crescimento em sentido lato é a variação de uma quantidade (altura, diâmetro, circunferência, área basal, etc.) durante um período ou período de tempo bem definido e pode ser estimado através da comparação de medições sucessivas afectadas por factores que combinam e afectam directamente a produção de madeira, tais como precipitação, insolação, qualidade do local, densidade, etc., etc.

O conceito de incremento na silvicultura é substancial na gestão e tomada de decisões para um determinado povoamento florestal. Para um stand regular, podem distinguir-se três tipos de crescimento.

1.2- Produção total em volume (PTV) :

O volume total de produção **(TPV) de** um povoamento florestal de idade par (regular) é o volume total produzido pelo povoamento desde a sua origem. É a soma do volume de madeira produzida até à data, incluindo o volume de madeira removida (desbastada).

1.3- Tipo de aumentos :
1.3.1- Aumento anual da corrente (ACA) :

O aumento anual da corrente. Este é o aumento observado num determinado ano na vida de um stand **(Aumento aos 40 anos de idade)**. ACA é derivado do crescimento: Δ**(PTV)** / Δ**(Age)**. Na realidade, esta variável é difícil de medir. A ACA é, portanto, reportada anualmente. Se Δ**Age tende para um ano, então é ACA para um determinado ano.**

Por exemplo:

- **PTV30 $_{anos}$: 755 m3/ha/ano.**
- **PTV35 $_{anos}$: 800 m3/ha/ano.**

$$_{Stand}APA = 800 - 755 / 5$$

$$_{Stand}APA = 9 \text{ m3/ha/ano}$$

1.3.2- Taxa média de crescimento anual (AAGR) :

O incremento médio anual corresponde ao incremento médio anual por hectare do stand desde o início. É obtido dividindo o crescimento pela idade da árvore ou do povoamento.

Por exemplo:

- **Volume total (TPV): 800 ^{m3}.**
- **A idade do stand (A): 40 anos.**

$$AMApopulação = 800 / 40$$

$$AMApopulação = 20 \text{ m3/ha/ano}$$

2-   Idade de operacionalidade :

É um critério predefinido que indica a idade ou tamanho que uma árvore terá de atingir para fornecer a madeira esperada. O valor destes critérios é obviamente uma função do objectivo pretendido. É possível distinguir vários tipos de exploração: fisiológica, técnica, económica, financeira, ..., etc...

A idade explorável de uma forma sucinta é o número de anos entre dois cortes finais sucessivos do stand.

Quadro 5: Tabela de aumentos dos povoamentos florestais por hectare (pinheiro Aleppo)

Idade	Volume total (Vt) em m^3	ACA $Vt_{(A+1)}/Vt_{(A0)}$	AMA (Vt/Age)	Designação	Vt (n+1) -Vt (n)
5	5	0	1		0
10	11	1,2	1,1		6
15	17,5	1,3	1,166667		6,5
20	25	1,5	1,25		7,5
25	32,5	1,7	1,3		7,5
30	42	1,8	1,4		9,5
35	51	1,9	1,457143		9
40	61	2,2	1,525		10
45	73	2,4	1,622222		12
50	86	2,6	1,72		13
55	100	2,8	1,818182		14
60	116	3,2	1,933333		16
65	136	4	2,092308		20
70	157	4,2	2,242857		21
75	174	3,4	2,32	ACA	17
80	188	2,8	2,35		14
85	200	2,4	2,35294	Idade Expat	12
90	210	2	2,33333	AMA	10
95	219	1,8	2,305263		9
100	227	1,6	2,27		8
105	234	1,4	2,228571		7
110	240	1,2	2,181818		6

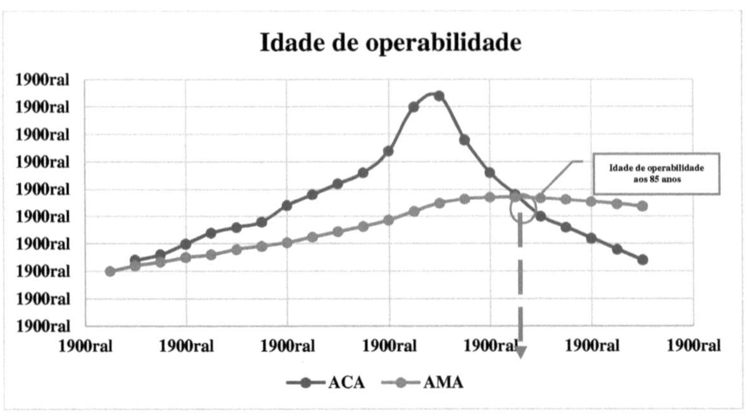

Figura 42: Idade da exploração madeireira de um povoamento florestal

3-   Densidade :

A densidade do povoamento é o número de caules presentes numa determinada superfície. É geralmente expresso em número de caules por hectare (N/ha). Este é um indicador do grau de competição entre árvores, desde que a idade e a fertilidade do local também sejam tidas em conta. Para a mesma densidade, a competição entre árvores não é a mesma num poleiro de abeto que num povoamento de abeto adulto.

A densidade **(D) de** um povoamento florestal corresponde ao número de caules **(N)** de uma determinada área **(S).**

D = N/S

4-   Área basal :

4.1-   Definição :

A área basal **(gi)** notada de uma árvore corresponde à área da secção transversal da árvore **(i)** à altura humana. Mais sucintamente, é a área do corte do tronco a 1,30 m.

A área basal de um povoamento anotada **(G)** é a soma das áreas basais de todas as árvores amostradas. A unidade de área basal é portanto expressa em metros quadrados por hectare **(m²/ha).**

$$G = \sum (\pi * di^2 1,30) /4)$$

4.2-   Utilidade:

A área basal é um indicador da **densidade** e é utilizada para **estimar o volume em pé da árvore** e para um povoamento. Assim, reflecte o **grau de concorrência dentro do** povoamento florestal e é uma medida indirecta das **condições de iluminação do** solo. Finalmente, pode ser utilizado como descritor das diferentes fases de desenvolvimento florestal.

5-   Altura média :

Note-se **(Hm)**, é a altura média de todas as árvores amostradas.

$$Hm = \sum (Hi) / N$$

Olá: Altura de cada árvore medida

6-   A altura de Lorey:

A altura de Lorey é obtida para cada parcela na floresta de produção, tomando uma média ponderada da altura das árvores na área basal.

$$Hl = \sum (gi * hi) / Gi$$

-   **Hl** : Altura de Lorey

-   **gi:** Área basal da árvore i ;

-   **oi** : Altura total da árvore i ;

-   **Gi:** Área basal de todas as árvores da parcela.

7-   Altura dominante :

A altura dominante de um povoamento é a altura das 100 maiores árvores por hectare, é expressa como **(Hdom)**.

8-   Classe de diâmetro/circunferência :

Isto implica agrupar os diâmetros de todos os eixos por categoria de tamanho.

Printed by Books on Demand GmbH, Norderstedt / Germany